这就是机器人

机器人的前世今生

THIS IS THE ROBOT！

罗庆生　罗霄　著

北京理工大学出版社
BEIJING INSTITUTE OF TECHNOLOGY PRESS

版权专有　侵权必究

图书在版编目（CIP）数据

机器人的前世今生 / 罗庆生，罗霄著. -- 北京：北京理工大学出版社，2023.8
（这就是机器人）
ISBN 978-7-5763-2452-5

Ⅰ. ①机… Ⅱ. ①罗… ②罗… Ⅲ. ①机器人－青少年读物 Ⅳ. ① TP242-49

中国国家版本馆 CIP 数据核字（2023）第 103331 号

出版发行 / 北京理工大学出版社有限责任公司	
社　　址 / 北京市海淀区中关村南大街 5 号	
邮　　编 / 100081	
电　　话 /（010）68914775（总编室）	
（010）82562903（教材售后服务热线）	
（010）68944723（其他图书服务热线）	
网　　址 / http://www.bitpress.com.cn	
经　　销 / 全国各地新华书店	
印　　刷 / 雅迪云印（天津）科技有限公司	
开　　本 / 889 毫米 × 1194 毫米　1/16	
印　　张 / 4.5	责任编辑 / 刘汉华　高坤
字　　数 / 90 千字	文案编辑 / 刘汉华　高坤
版　　次 / 2023 年 8 月第 1 版　2023 年 8 月第 1 次印刷	责任校对 / 刘亚男
定　　价 / 128.00 元（全 2 册）	责任印制 / 施胜娟

图书出现印装质量问题，请拨打售后服务热线，本社负责调换

序　言

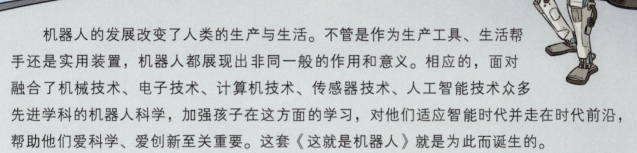

　　机器人的发展改变了人类的生产与生活。不管是作为生产工具、生活帮手还是实用装置，机器人都展现出非同一般的作用和意义。相应的，面对融合了机械技术、电子技术、计算机技术、传感器技术、人工智能技术众多先进学科的机器人科学，加强孩子在这方面的学习，对他们适应智能时代并走在时代前沿，帮助他们爱科学、爱创新至关重要。这套《这就是机器人》就是为此而诞生的。

　　《这就是机器人》采用绘本形式，共2册：《机器人的前世今生》和《勇闯机器人王国》。两册图书相搭配，向小读者们综合介绍了机器人的定义、基本组成以及机器人的种类、作用。此外，本书还通过巧妙的故事情节向小读者介绍了机器人诞生的历程和发展现状，使他们对机器人这一看似简单、实则深奥的知识门类有更全面的了解。本书人物生动、语言风趣；情节起伏，前后呼应；布局精美、图文并茂；逐步递进，梯次提升，可谓是少年儿童进行机器人学习的良师益友。

　　习近平总书记在科学家座谈会上指出，好奇心是人的天性，对科学兴趣的引导和培养要从娃娃抓起。开展前瞻性、引领性的机器人教育活动，将使孩子们有效了解机器人的基本概念，学习机器人的基本知识，激发少年儿童对机器人的兴趣与爱好，夯实少年儿童成为未来创新型人才的基础。相信这套《这就是机器人》就能够达成这一目标！

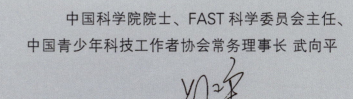

中国科学院院士、FAST科学委员会主任、
中国青少年科技工作者协会常务理事长　武向平

2023年5月1日于京城

前 言

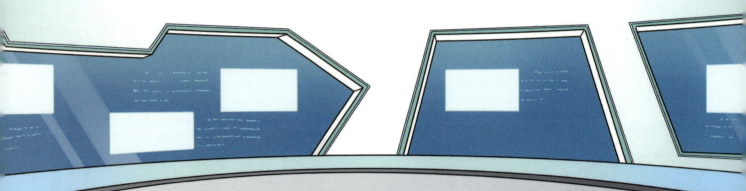

机器人是一种可以自动执行工作、完成预期使命的机器装置,既可以接受人类临场的指挥,又可以运行预先编排的程序,还可以根据人工智能技术制定的原则自主行动。它可以协助或取代人类在恶劣、危险、有害的环境中从事各项单调、复杂、艰苦的工作。今天,机器人已广泛进入各行各业,开始大显身手。但人们,尤其是少年儿童们还会对机器人存在神秘感,一些影视大片关于机器人的描述会使少年儿童感到困惑,机器人究竟是敌是友?这些困惑会促使少年儿童产生疑问:什么是机器人?机器人的基础知识有哪些?机器人的基本组成部分又有哪些?机器人的基本组成部分如何构成为有机的整体?各种各样的机器人如何为人类服务和工作?这些问题应该得到科学的回答,以帮助少年儿童形成对机器人的正确认知。

《这就是机器人》的主要作者罗庆生教授,担任中国青少年科技工作者协会机器人教育专业委员会主任多年,在青少年机器人教育方面辛勤耕耘、无私奉献、德艺双馨、硕果满园。他率领的写作团队从读者的视角出发,以科学的解释、准确的笔触、风趣的语言、生动的画面、跌宕的情节、新颖的场景、前瞻的眼光、广博的视野,为少年儿童展示出机器人的诞生历程、演变历史与发展现状,让少年儿童能够准确和深入地了解机器人。可谓功莫大焉!

正如习近平总书记所说,科技创新就像撬动地球的杠杆,总能创造令人意想不到的奇迹。当前机器人技术在我国获得了井喷式的发展,成为我国抢占未来世界经济科技发展高地的重要抓手,中国必须紧紧抓住并牢牢把握这一机遇。

少年强则中国强,创新多则人才多。让机器人技术助圆我国广大少年儿童的"中国梦"吧!

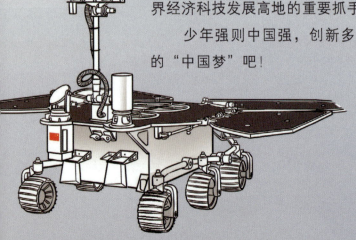

"这就是机器人"丛书编委会

2023 年 4 月 28 日

人物介绍

杨一凡 | 学生组

男,小学四年级,科创爱好者,聊到与科创相关的话题总是滔滔不绝,对于不喜欢的科目基本躺平放弃。

学生组 | **孙小迪**

男,小学二年级,古灵精怪,活泼好动,喜欢提问,缺点是没什么耐性,粗心大意。

丁咛 | 学生组

女,小学二年级,人如其名,喜欢操心,有时候有点凶,是班里的班长,喜欢管着孙小迪。

董教授　专家组

机器人专家，"九连环"的发明者，外形酷似"机器人之父"约瑟夫·恩格尔伯格，佩领结，戴眼镜，穿西装，基本没有头发，易出汗，平时会脱了外套只穿衬衣。

专家组　诸葛明

女，工程师，父母因为特别喜欢诸葛亮所以给她起名"诸葛明"，思维活跃，有时候脑洞过大。

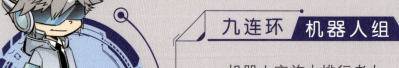

九连环　机器人组

机器人家族中排行老九，"九连环"这个名字取自中国传统民间智力玩具，也指明了它的排行。九连环贯穿整部书，陪伴孩子们一同认识机器人世界。

目 录

奇怪的转学生　1

基地探秘　12

机器人三要素和三原则　25

机器人的前身　34

第一台真正的机器人 38

机器人的基本组成 50

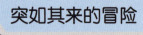

突如其来的冒险 56

奇怪的转学生

孙小迪本来想利用午餐时间去围观转学生，没想到转学生的同班同学都说他不吃午饭，一到中午就消失了，孙小迪更好奇啦！

孙小迪一路跟踪，发现转学生一闪身进了一间教室——科创教室，教室门看着可科幻啦！

孙小迪看到科创教室的大门,既好奇又有点害怕,于是趴在窗边偷偷往里看。他发现转学生正靠在墙上闭目养神。

好奇怪的房间!

钳工台

科创教室里有些平整的木桌,这是木制钳工工作台。

钳工是机械制造行业中最古老的金属加工技术,工人师傅用锯子切割或者锉刀打磨,都属于钳工。工作台桌角奇特的金属工具是台虎钳,用于固定需要加工的工件,钳工因常用台虎钳而得名。

3D打印

3D打印又叫增材制造,是一种快速成型技术。与普通打印工作原理类似,都是将计算机中的蓝图变成实物。只是3D打印时,在计算机的控制下,3D打印机中的液体或粉末等"打印材料"将一层层叠加,最终像叠蛋糕一样打印出立体的实物。

轻型多用途车床与轻型铣床

车床是金属切削机床中最重要的成员之一。车床的特点是被加工的工件旋转，车刀进行往复运动，最终完成切削加工。如果你看过苹果削皮器，一定很容易理解车床的工作方式。

铣床与车床工作方式相反，铣刀进行旋转运动而工件不断移向刀具，用来加工平面、沟槽等。

＊请你仔细观察，哪个是车床，哪个是铣床？

激光切割机

激光切割机是一种利用激光切割加工工件的设备。工作时，激光器发射激光，经光路系统聚焦形成激光束。激光束照射金属工件表面，可使其达到熔点或沸点，进而使工件的部分区域"熔化"或"气化"；同时利用高压气体将熔化或气化的部分吹走。激光切割机用激光束代替传统的机械刀，具有精度高、切割快速、不易磨损等优点。

九连环静静地靠在墙上,他背后是个洁白的圆盘,看起来像放大版的手机无线充电器。

人物介绍

姓名:九连环
性别:男
种族:机器人
年龄:1岁
职业:二年级小学生

九连环闪亮登场!

虽然九连环的解释很诚恳,可机器人那么聪明,为什么要来读小学呢?孙小迪并不相信。

孙小迪正和九连环聊天,旁边突然多了一个小朋友。

教九连环写作文是大事,孙小迪,表现的时刻到啦!

心虚的孙小迪看到了丁咛,虽然丁咛是来催交作业的,但孙小迪感觉自己从没像现在这样期待丁咛的出现。

丁咛是孙小迪班的班长，性格嘛……用孙小迪的话来说，就是人如其名。

后来，我们组成了"明日之星"机器人小队。

基地探秘

一天，孙小迪、丁咛和九连环在一起学习，偶然间聊到周末计划，九连环说他要回基地例行体检，其他几人顿时来了精神。

于是,九连环的例行体检,就变成了几人集体参观创新中心的活动。

＊阿尔弗雷德：蝙蝠侠的万能管家。

仿人机器人

它像人一样有头部、躯干、四肢,以及特殊的"眼睛"。能够像人类一样直立行走,可以搬运货物、立定跳远、跳高、后空翻,甚至可以跳台阶。

扫地机器人

扫地机器人是维持室内卫生的好帮手,智能家用电器中的重要成员。能凭借一定的人工智能,完成房间地板的自动化清扫,以及拖地、集尘、洗涤拖把等清理任务。

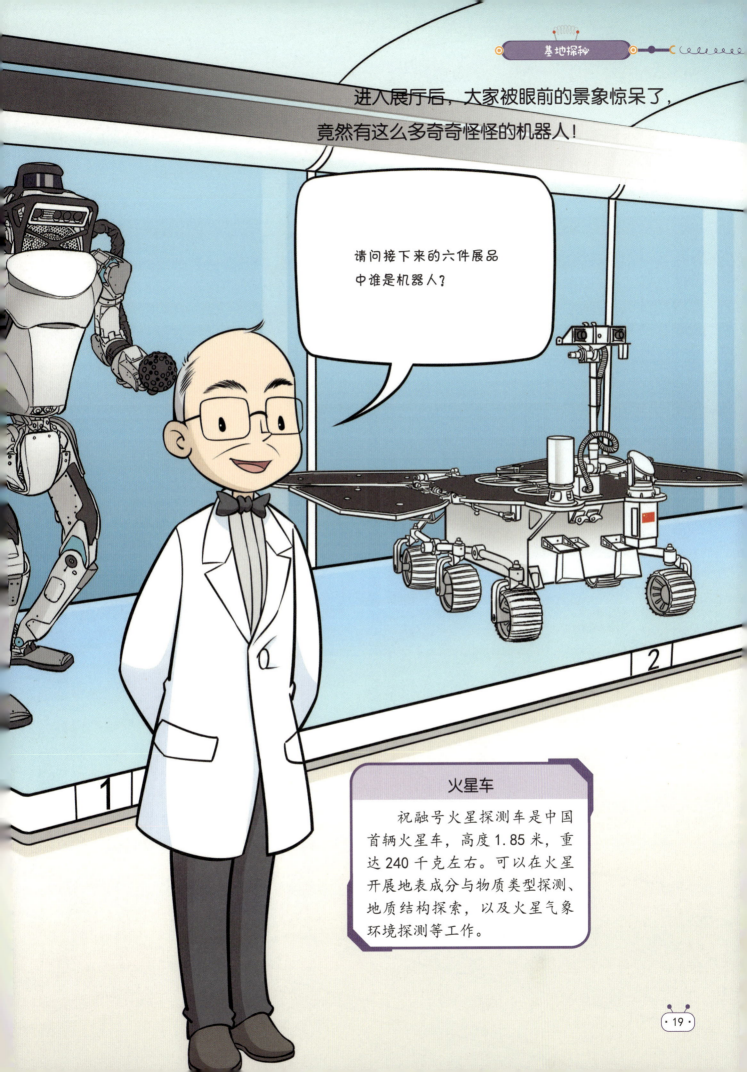

基地探秘

机器人三要素和三原则

董教授先阐述了机器人的定义。

> **什么是机器人**
>
> 国际标准化组织（ISO）关于机器人的定义是这么说的：机器人是一种自动化的、位置可控的、具有编程能力的多功能操作机。

几个小伙伴更加疑惑了。

那么，机器人三要素包括哪些方面呢？

可编程性

用户可以通过特定的机器语言，控制集成电路的工作方式，从而获得用户想要的功能。集成电路是一种微型电子器件，它们可以组成芯片。

例如，手机的各种功能，就是工程师叔叔编程实现的。

机器人具有 **可编程性**

机器人是一种 **机电装置**

机器人拥有 **自动控制系统**

自动控制系统

自动控制系统是利用某种自动控制装置，自动调节特定参数的系统。例如家用电冰箱的温度控制系统，只需设置好温度值（参数），冰箱就可以保证恒温，冻好冰棍儿啦！

机电装置

机电装置是机械技术和电子技术结合的产物，小到电子秤，大到全自动洗衣机都属于此类产品。

随后，诸葛明以一旁正在给九连环喷漆的工业机器人为例。

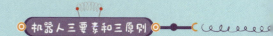

小队成员跟随董教授继续在中心探险,墙壁上的机器人电影画报引起了大家的注意。

这时，丁咛突然想到一个问题：机器人是否会背叛人类呢？

那……未来会不会出现类似《终结者》里的邪恶机器人啊？

呃……我是绝不会四处捣乱的。

不会的。因为人类早就筑起了防止机器人犯上作乱的"防火墙"。

这我就放心啦，如果机器人都像孙小迪一样皮，那可不好管！

机器人三原则

1. 机器人不得伤害人类,或看到人类受伤害却袖手旁观;
2. 机器人必须服从人类的命令,除非这条命令与第一条相矛盾;
3. 机器人必须保护自己,除非这种保护与以上两条相矛盾。

* 三原则的制定,代表了人类对机器人服从性与忠诚度的期盼。然而未来的机器人能否符合这三原则,需要我们每一位未来的机器人设计者共同努力。

机器人的前世今生

机器人的前身

机器人的发展历史源远流长,大家对此充满了好奇。

我听说很早以前就有机器人了,好像叫什么木马!

那叫木牛流马!

三国时候的人也不用电啊,木牛流马算机器人吗?

木牛流马

木牛流马是三国时期蜀国丞相诸葛亮发明的、用来运输军用物资的装备,属于早期广义上的机器人。

机器人的前身

指南车

早在两千年以前的东汉时期，著名科学家张衡发明的指南车就具备了机器人的雏形。

月球上就有以张衡命名的环形山。

诸葛亮是我本家，很厉害！另外，古人发明的指南车也具备了机器人的雏形。此外，还有万户借助火箭推力飞天的故事。

万户飞天

相传明代时，有个叫万户的人，将烟花绑在椅子的四条腿上，尝试依靠烟花燃放时产生的推力飞起来。他是世界上第一个设想借助火箭推力升空的人，被称为"世界航天第一人"。

为纪念万户，国际天文学联合会将月球上的一座环形山以这位古代的中国人命名。

机器人、智能机械是全人类的美好梦想,它们的身影早已遍布世界各地。

机器人与文艺复兴

欧洲文艺复兴时期,著名画家、科学家、工程师达·芬奇就曾发明过扑翼机,类似于现代的扑翼式飞行机器人。

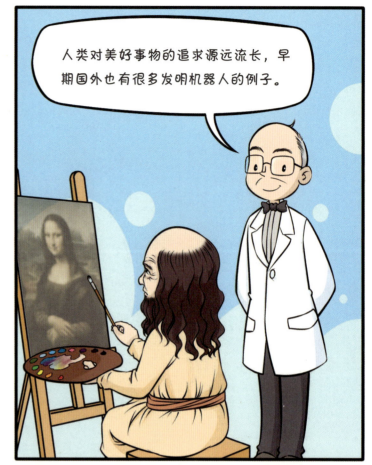

人类对美好事物的追求源远流长,早期国外也有很多发明机器人的例子。

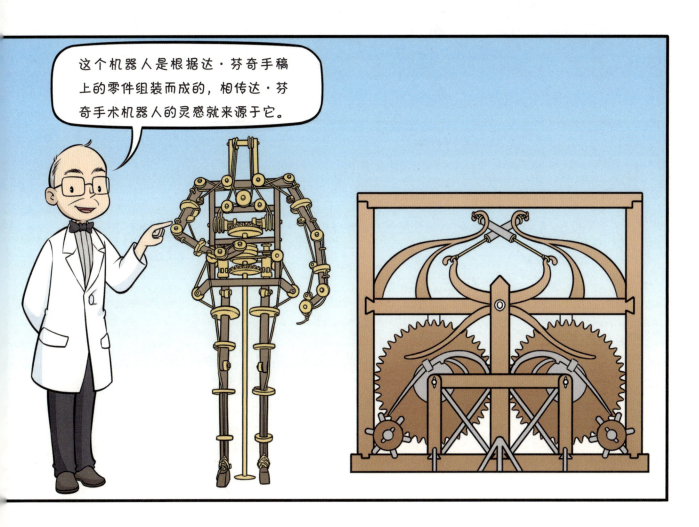

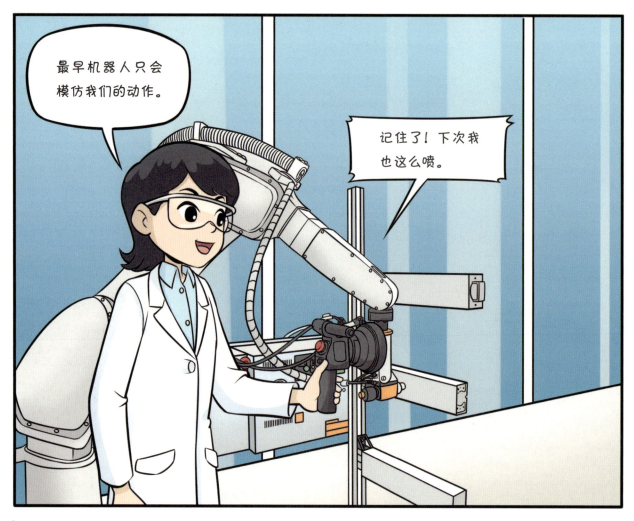

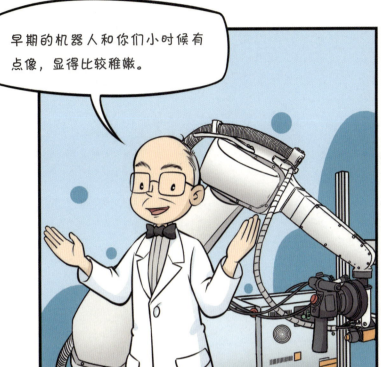

从牙牙学语跟随人类的脚步，到主动感知世界，再到学着理解世界，机器人正在变得越来越聪明。

机器人发展第一阶段：示教再现型机器人

机器人具有特定的记忆功能。操作者完成示教操作后，它们能按照示教的作业顺序、位置及其他信息，复现示教作业。

也就是说，操作者先教机器人一连串动作（示教），机器人记住后（记忆）就可以像抄汉字一样，依葫芦画瓢，一遍遍重复再现出来（再现）。那些重复、单调的工作场合，正是示教再现型机器人大显身手的地方。

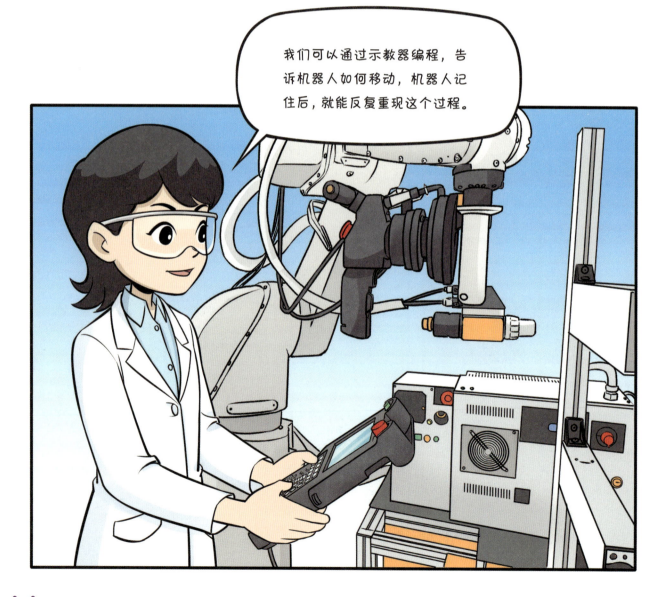

我们可以通过示教器编程，告诉机器人如何移动，机器人记住后，就能反复重现这个过程。

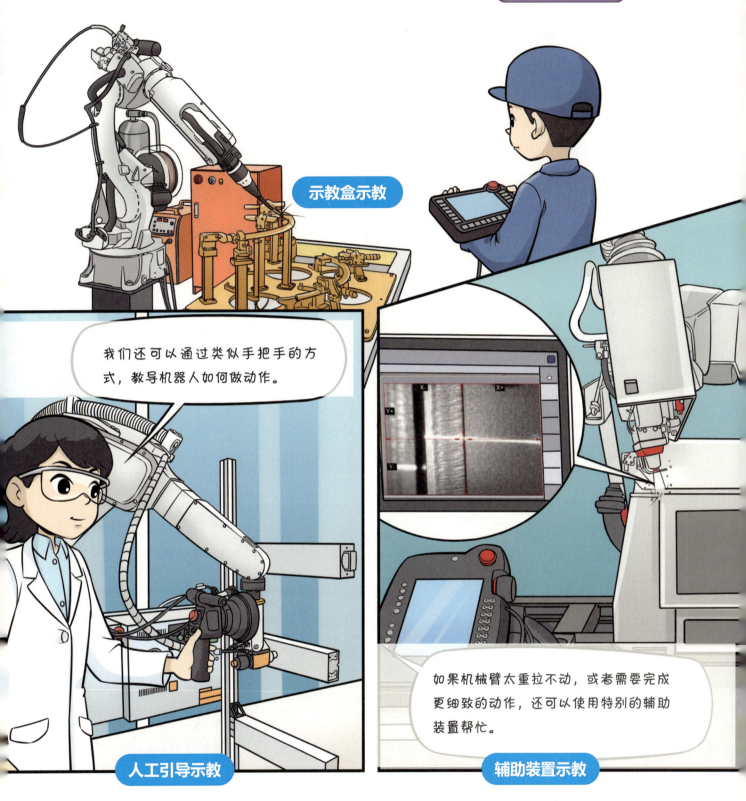

喷漆机器人是示教再现型机器人的典型代表。工程师叔叔手拿示教器教会喷漆机器人按照一定的工序流程和工艺参数进行喷漆作业。机器人控制系统将工程师教授的内容牢牢记录下来，然后在工作中重复展现，就可以圆满完成喷漆作业。

机器人发展第二阶段：感觉型机器人

感觉型机器人通过传感器，拥有了类似人的力觉、触觉、视觉、听觉等感觉，并能够借此感受和识别目标的形状、大小、颜色。

也就是说，能利用传感器感知环境和机器人自身情况，然后再利用这些信息来改进动作的，就是感觉型机器人。

扫地机器人是感觉型机器人的代表之一。

我们家的扫地机器人可笨了，我把爸爸的笔记本电脑放在它面前，它都不敢压过去！

别说笔记本了，就是笔记本的电源线，扫地机器人都懂得避开呢！

那它比你聪明啊！

感觉型机器人已经开始尝试感知世界,但它们还不擅长学习和思考,智商有待提升。

机器人发展第三阶段：智能型机器人

智能型机器人装有大量的传感器，通过中央处理器对传感器获得的信息进行融合，使它具有了感觉要素、运动要素和思考要素。

换句话说，智能型机器人具有相当发达的"大脑"。在机器人"大脑"中起作用的是中央处理器。这种机器人可以根据任务目标自主操控完成动作。正因为这样，人们认为智能型机器人才是真正的机器人。

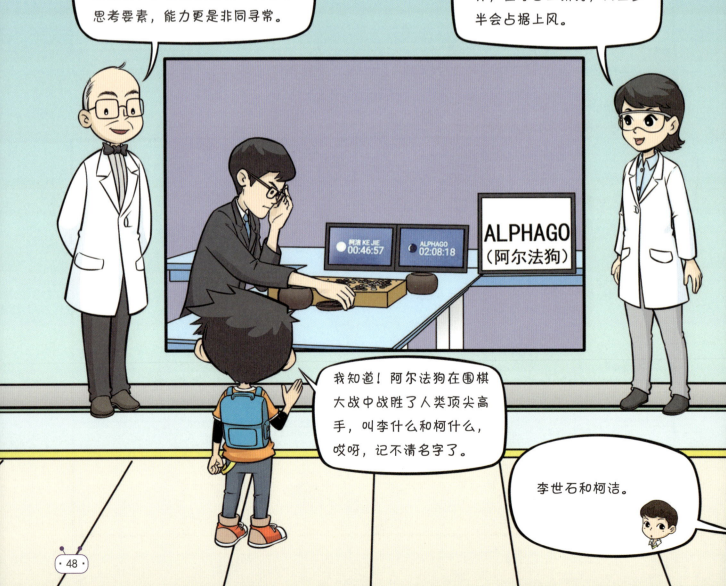

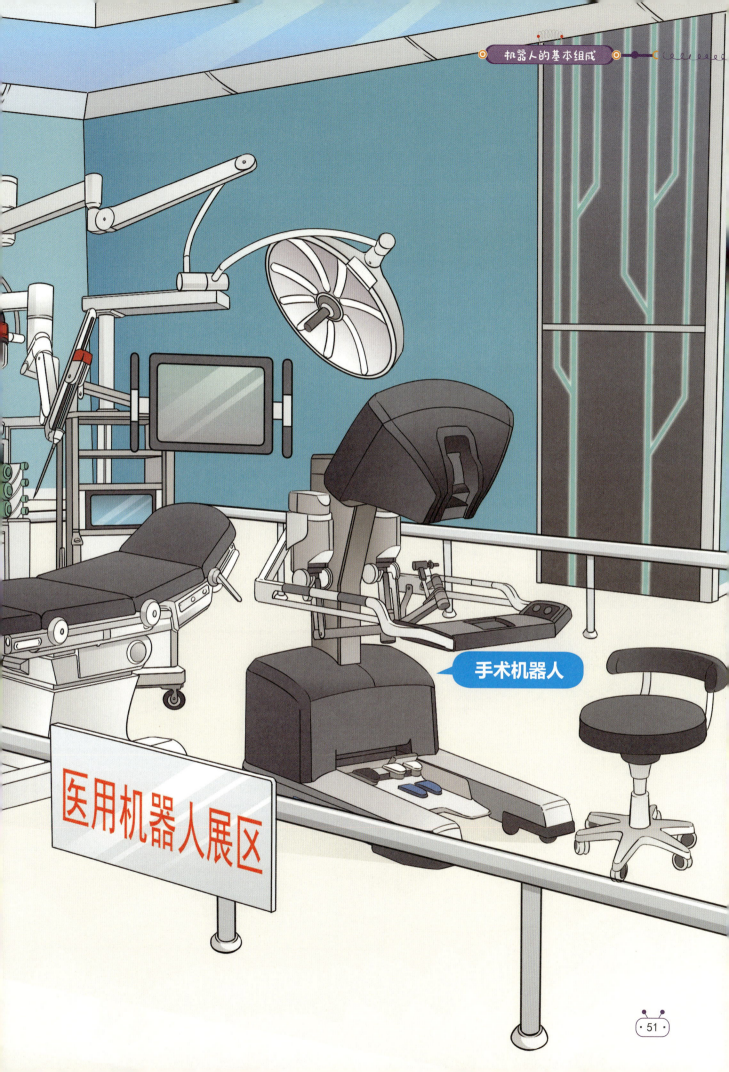

控制器

控制器是发布命令的"决策机构"。正如我们的大脑能够控制关节的动作,控制器可以控制电动机运转的方式,让机器人做出各种不同的动作。

完全正确!机器人也有"大脑",那就是控制器!

拥有控制器指挥的机器人,才能完成各种复杂的动作和烦琐的操作。

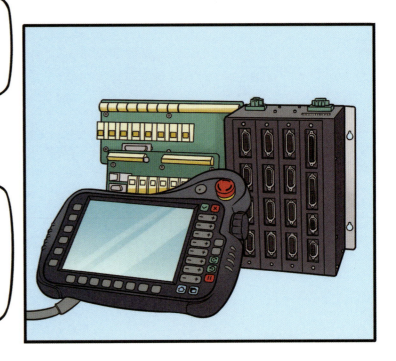

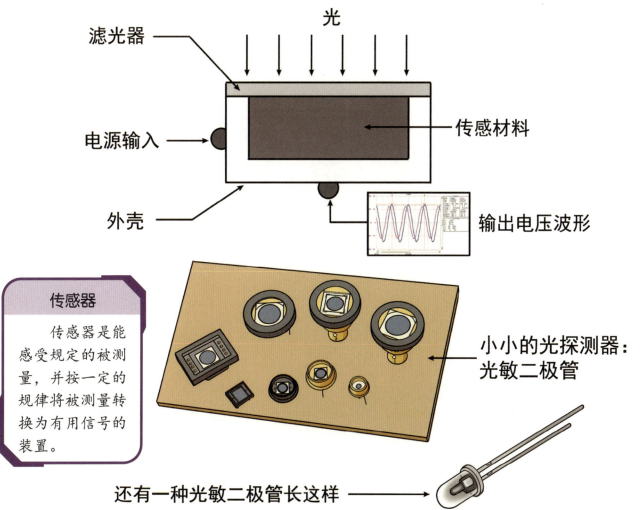

机器人的躯干与四肢

机器人的躯干是由各种机构和支撑机构的机座组成的。机器人的四肢是机器人的执行器。

例如,机器人固定上肢机构的机架和机器人的上肢机构,就构成了这样的关系。不过,机器人的执行器依据机器人的具体形态和需求而定,有的像四肢,有的像夹子,有的像各种各样的工具,可以用于完成各种复杂的工作任务。

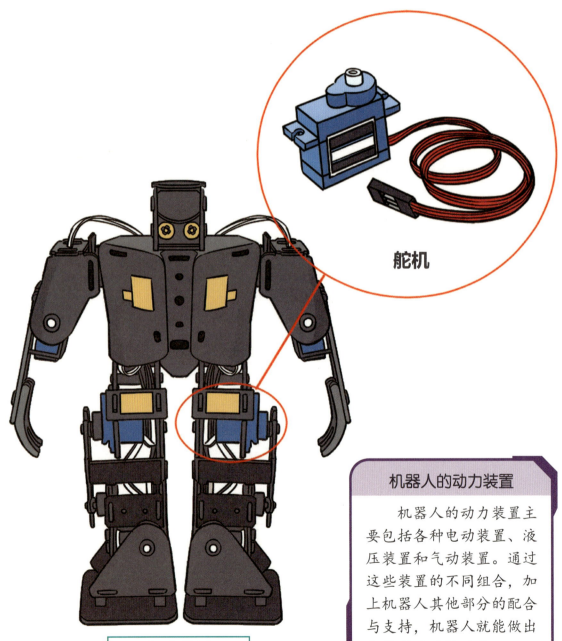

舵机

电动装置

机器人的动力装置

机器人的动力装置主要包括各种电动装置、液压装置和气动装置。通过这些装置的不同组合,加上机器人其他部分的配合与支持,机器人就能做出各种高难度的动作。

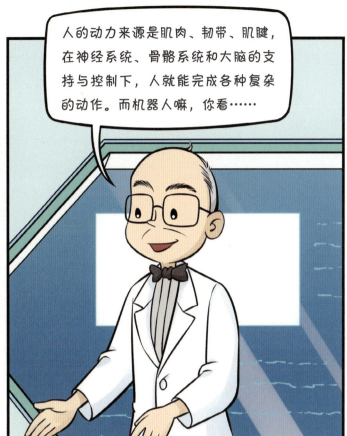

液压装置

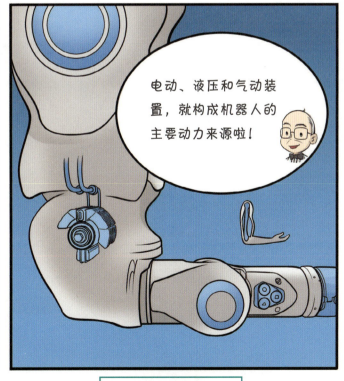

气动装置

机器人会像30年前的个人电脑一样迈入家家户户，彻底改变人类的生活方式。

——比尔·盖茨

知识点再现

一、机器人的定义

国际标准化组织（ISO）关于机器人的定义是这么说的：机器人是一种自动化的、位置可控的、具有编程能力的多功能操作机。

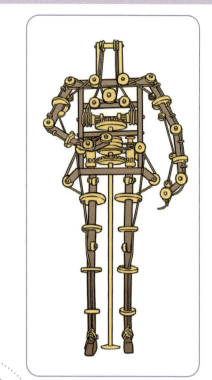
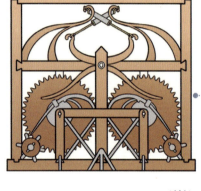

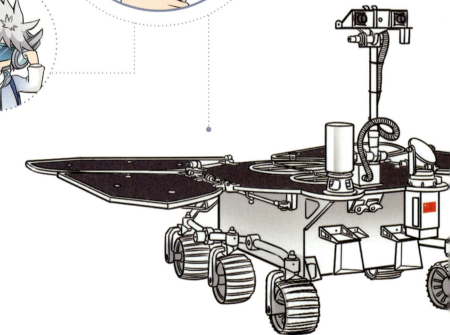

二、机器人三要素

可编程性

用户可以通过特定的机器语言，控制集成电路的工作方式，获得用户想要的功能。集成电路是一种微型电子器件，它们可以组成芯片。

例如，手机的各种功能，就是工程师叔叔编程实现的。

机电装置

机电装置是机械技术和电子技术结合的产物，小到电子秤，大到全自动洗衣机都属于此类产品。

自动控制系统

自动控制系统利用某种自动控制装置，自动调节特定参数的系统。例如家用电冰箱的温度控制系统，只需设置好温度值（参数），冰箱就可以保证恒温，冻好冰棍儿啦！

三、机器人三原则

1. 机器人不得伤害人类，或看到人类受伤害却袖手旁观；
2. 机器人必须服从人类的命令，除非这条命令与第一条相矛盾；
3. 机器人必须保护自己，除非这种保护与以上两条相矛盾。

四、机器人的发展阶段

机器人发展第一阶段：示教再现型机器人

机器人具有特定的记忆功能。操作者完成示教操作后，它们能按照示教的作业顺序、位置及其他信息，复现示教作业。

也就是说，操作者先教机器人一连串动作（示教），机器人记住后（记忆）就可以像抄汉字一样，依葫芦画瓢，一遍遍重复再现出来（再现）。那些重复、单调的工作场合，正是示教再现型机器人大显身手的地方。

机器人发展第二阶段：感觉型机器人

感觉型机器人通过传感器，拥有了类似人的力觉、触觉、视觉、听觉等感觉，并能够借此感受和识别目标的形状、大小、颜色。

也就是说，能利用传感器感知环境和机器人自身情况，然后再利用这些信息来改进动作的，就是感觉型机器人。

扫地机器人是感觉型机器人的代表之一。

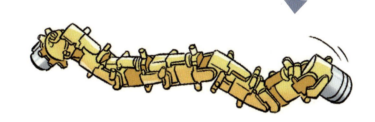

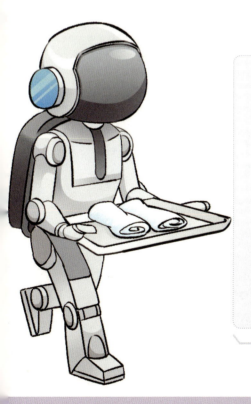

机器人发展第三阶段：智能型机器人

智能型机器人装有大量的传感器，通过中央处理器对传感器获得的信息进行融合，使它具有了感觉要素、运动要素和思考要素。

换句话说，智能型机器人具有相当发达的"大脑"，在机器人"大脑"中起作用的是中央处理器。这种机器人可以根据任务目标自主操控完成动作。正因为这样，人们才说智能型机器人才是真正的机器人。

五、机器人的基本组成

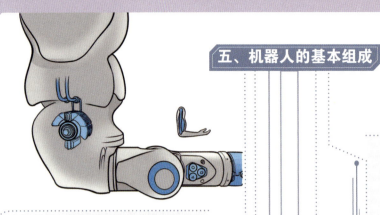

机器人的躯干与四肢：机器人的躯干是由各种机构和支撑机构的机座组成的。机器人的四肢是机器人的执行器。例如，机器人固定上肢机构的机架和机器人的上肢机构，就构成了这样的关系。不过，机器人的执行器依据机器人的具体形态和需求而定，有的像四肢，有的像夹子，有的像各种各样的工具，可以用于完成各种复杂的工作任务。

传感器：传感器是能感受规定的被测量，并按一定的规律将被测量转换为有用信号的装置。

机器人的动力装置：机器人的动力装置包括各种电动装置、液压装置和气压装置。通过这些装置的不同组合，加上机器人其他部分的配合与支持，机器人就能作出各种高难度的动作。

控制器：控制器是发布命令的"决策机构"。正如我们的大脑能够控制关节的动作，控制器可以控制电动机运转的方式，让机器人做出各种不同的动作。

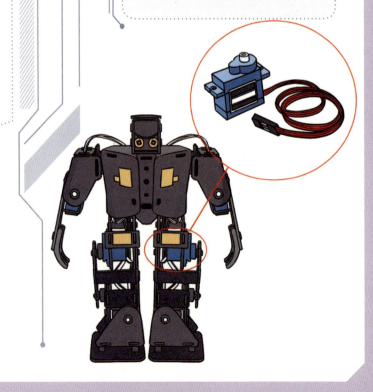

这就是机器人

勇闯机器人王国

THIS IS THE ROBOT!

罗庆生 罗霄 著

北京理工大学出版社
BEIJING INSTITUTE OF TECHNOLOGY PRESS

版权专有　侵权必究

图书在版编目（CIP）数据

勇闯机器人王国 / 罗庆生，罗霄著. -- 北京 : 北京理工大学出版社，2023.8
（这就是机器人）
ISBN 978-7-5763-2452-5

Ⅰ．①勇… Ⅱ．①罗… ②罗… Ⅲ．①机器人－青少年读物 Ⅳ．① TP242-49

中国国家版本馆CIP数据核字（2023）第103330号

出版发行 /	北京理工大学出版社有限责任公司
社　　址 /	北京市海淀区中关村南大街5号
邮　　编 /	100081
电　　话 /	（010）68914775（总编室）
	（010）82562903（教材售后服务热线）
	（010）68944723（其他图书服务热线）
网　　址 /	http://www.bitpress.com.cn
经　　销 /	全国各地新华书店
印　　刷 /	雅迪云印（天津）科技有限公司
开　　本 /	889毫米 × 1194毫米　1/16
印　　张 /	4.5
字　　数 /	90千字
版　　次 /	2023年8月第1版　2023年8月第1次印刷
定　　价 /	128.00元（全2册）

责任编辑 / 刘汉华　高坤
文案编辑 / 刘汉华　高坤
责任校对 / 刘亚男
责任印制 / 施胜娟

图书出现印装质量问题，请拨打售后服务热线，本社负责调换

人物介绍

杨一凡 学生组

男,小学四年级,科创爱好者,聊到与科创相关的话题总是滔滔不绝,对于不喜欢的科目基本躺平放弃。

学生组 **孙小迪**

男,小学二年级,古灵精怪,活泼好动,喜欢提问,缺点是没什么耐性,粗心大意。

丁咛 学生组

女,小学二年级,人如其名,喜欢操心,有时候有点凶,是班里的班长,喜欢管着孙小迪。

董教授　专家组

机器人专家，"九连环"的发明者，外形酷似"机器人之父"约瑟夫·恩格尔伯格，佩领结，戴眼镜，穿西装，基本没有头发，易出汗，平时会脱了外套只穿衬衣。

专家组　∞教授

为保持神秘感，起名为∞教授，是导致小队成员进入机器王国的背后之人，董教授的老朋友。

九连环　机器人组

机器人家族中排行老九，"九连环"这个名字取自中国传统民间智力玩具，也指明了它的排行。九连环贯穿整部书，陪伴孩子们一同认识机器人世界。

目 录

65　初探机器人王国

82　机器人自动化工厂

106 从田间到餐厅

116 未来的机器人医生

初探机器人王国

话说,"明日之星"机器人小队和董教授被一股神秘力量拉进了机器人王国。

欢迎来到机器人王国

军用机器人

军用机器人主要负责后勤保障、军需输送、战场侦察、战情评估、目标跟踪、方位指示、排雷救险、突袭爆破、要地攻击、斩首行动等。

入侵者,不许动!报上名来!

中控中控,花蝴蝶和剑客已就位!

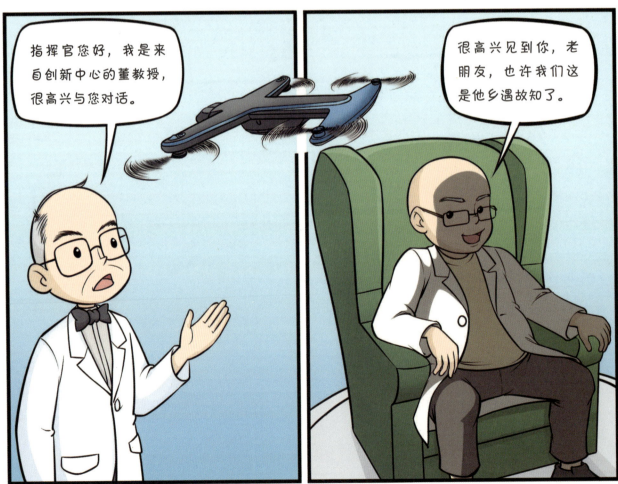

* ∞，数学符号，意思是无穷大，常被读作无穷大。

劫后余生,但新的谜团萦绕在小队成员心中,"∞"到底是谁,他为什么要这么做?

微型地面侦察机器人

微型地面侦察机器人采用高强度工程塑料制成，搭载特殊的传感器，可以采用抛投的方式介入战场环境。由于它体型小巧、机动灵活，依靠自主运动就能悄悄驶近敌军阵地，在敌人毫无防备的情况下，开展侦听和侦视，并将侦察结果及时传给我方。

军用运输机器人

军需运输是较早运用机器人的领域之一。机器人不仅可以运送物资,甚至还可以运送人员,常见的有"救援机器人""物资搬运机器人""智能架桥机器人"等,主要负责在泥泞、化学污染等恶劣条件下执行物资运输、装卸、技术装备抢修、伤病人员抢救等后勤保障任务。

上一页中形似大狗又像骡子的运输机器人,采用液压驱动装置,有四条强悍的机械腿,还有出色的平衡能力,能够身负100多千克的重物,跋山涉水,勇往直前,在战场上起到后勤保障、军需输送的作用。

初探机器人王国

军用排爆机器人

军用排爆机器人代替排爆人员执行危险、复杂的排爆作业，减少排爆人员伤亡的风险。机器人装备有视觉系统和传感器探测系统，可以准确判断爆炸物的情况，为机械臂顺利执行排爆作业提供支持。

排爆机器人的工作方式

排爆机器人一般由人远距离遥控。发现爆炸物以后，排爆机器人有多种专用工具可供选择使用，在视觉系统的帮助和控制系统的指挥下，机器人利用不同的工具将经过伪装和紧固的爆炸物一步步拆除下来，再利用机械臂夹持式手爪将爆炸物移送到安全的地方，比如说移送到防爆罐里。

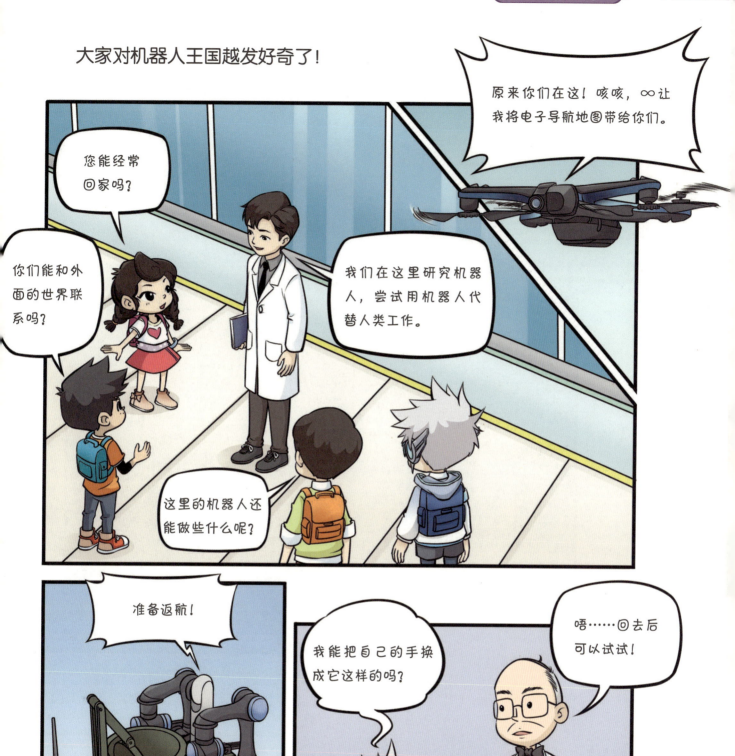

机器人自动化工厂

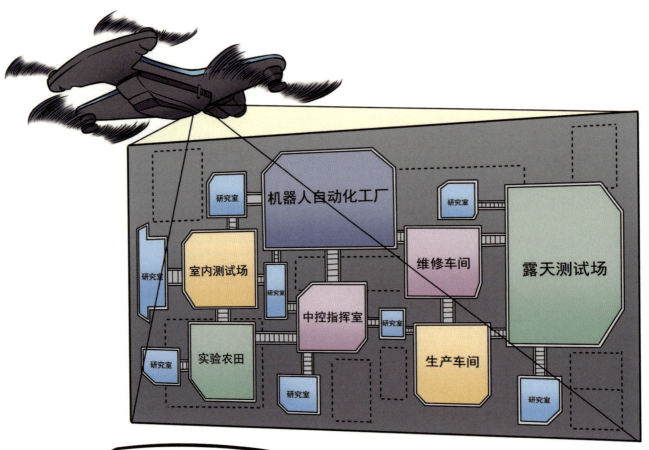

我拿着电子导航地图,你们戴好定位器。

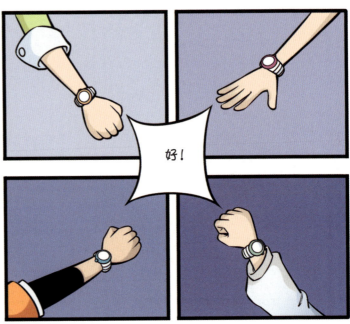

好!

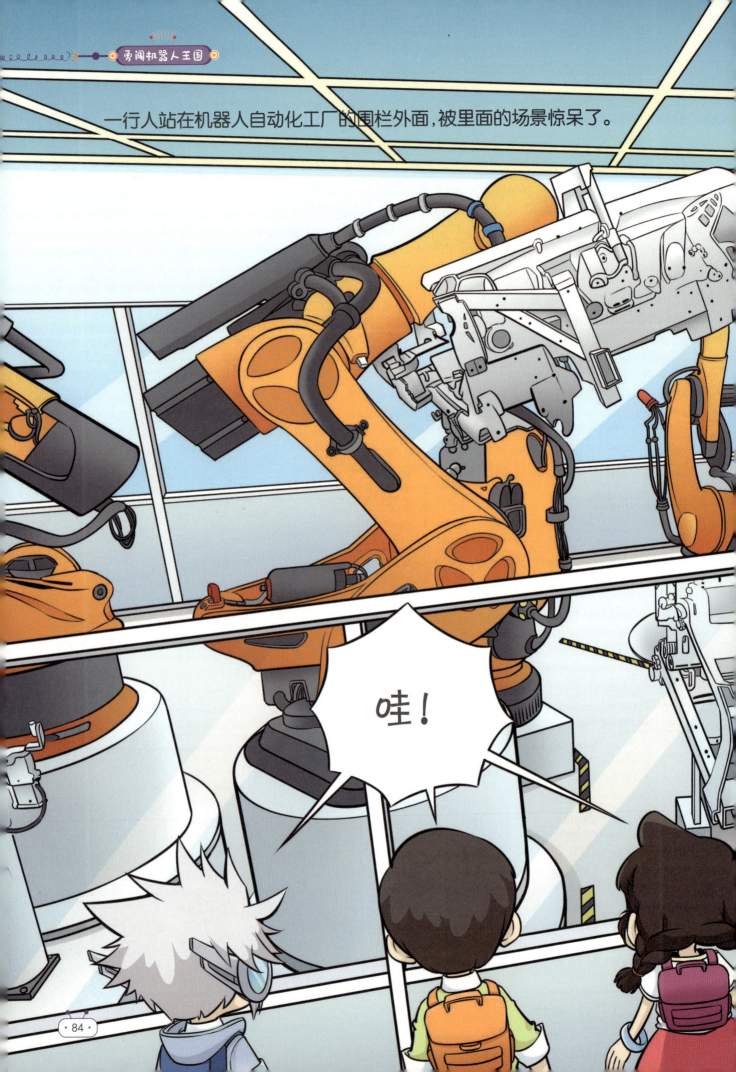

结构化环境

事先规划、建设好,使用过程中不发生明显变动的工作环境。比如生产车间、自动化流水线,里面的设备布局、物料供给、产品流动都是事先安排好的,生产过程中一般不会发生变动。

机器人自动化工厂

工业机器人与特种机器人

在结构化环境下使用的机器人是工业机器人，在非结构化环境下使用的机器人就是特种机器人。

工业机器人在结构化环境里，心无旁骛、专心致志地按事先规划好的工作程序进行操作。

焊接机器人

焊接机器人属于示教再现型机器人。先由工程师教会它如何按工艺流程进行不同部位、不同焊点的焊接,这时机器人会将工程师教过的内容保存下来,然后在后续的工作中再现这些操作过程。

其实,现在的焊接机器人已经可以代替人类工作了。

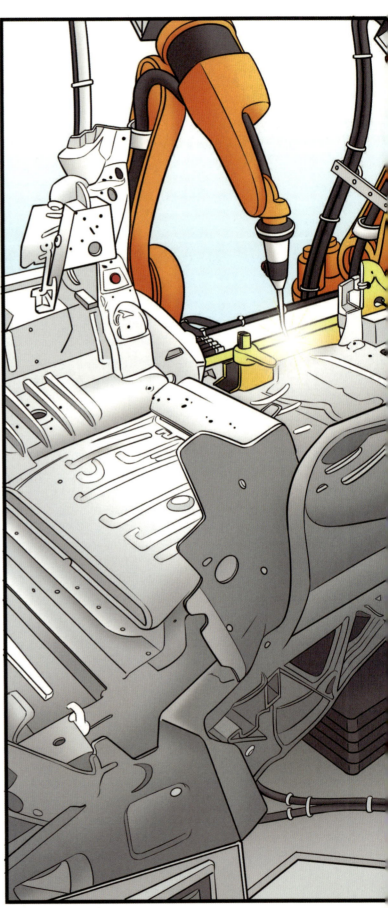

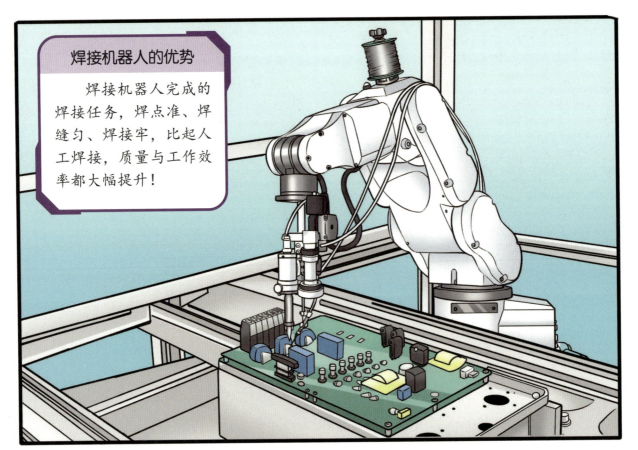

焊接机器人的优势

焊接机器人完成的焊接任务,焊点准、焊缝匀、焊接牢,比起人工焊接,质量与工作效率都大幅提升!

随着时代的发展,视觉引导的焊接机器人已大放异彩,它们可以凭借自己的眼睛确认焊点、选择焊接方式、自动完成工作。

喷漆机器人

喷漆机器人又叫喷涂机器人，是可以完成自动喷漆或喷涂其他涂料工序的工业机器人，广泛用于汽车、电器喷漆，以及搪瓷喷涂等生产工艺。

喷漆机器人的手臂和腕部都非常灵活，部分机器人的腕部既可向各方向弯曲，又可转动，能通过孔洞探入工件内部喷涂其内表面。我们在前面了解过示教再现型机器人，喷漆机器人就可以通过手把手示教或点位示数来实现示教。

你们当初参观所看到的喷漆机器只用于展示,不是批量作业,漆雾密度没到危险水平,而且它安全系数高,所以没装防护罩。

喷涂机器人工作中的潜在危险

喷涂的时候,无论喷涂何种涂料,为保证均匀,都必须进行雾化。而涂料的成分都是化学物质,形成的漆雾和挥发的其他气体都具有可燃性。喷涂的作业现场如同汽油站,易燃易爆。而机器人使用大量电子器件,如果防护不当,极易导致起火爆炸。因此在喷涂项目中,须使用防爆机器人。

简单来说,密闭的空间是为了防止油漆对环境污染的扩大,防护罩是为了保护机器人不被污染腐蚀、防火防爆、防静电。

我四哥的工友是防爆喷漆机器人,以后带你们去见见他。

装配机器人

　　装配作业十分复杂，比如汽车装配，有成百上千个零部件需要安装，而且不能出现任何差错，用人力来完成十分困难。在工程师们的帮助下，装配机器人学会了装配的相关工艺，掌握了安装的相关流程，就能够将所有的零部件整齐有序、零故障地装配到位。

码垛机器人

码垛机器人负责按要求码放货物。它能够不知疲倦、无怨无悔地从事码垛作业，将人们从繁重、重复单调的工作中解放出来。

AGV 小车

搬运机器人

搬运机器人装备了机器视觉系统,可以准确识别物品的种类、形状和位置,在机器人智能控制系统的指挥下,能够把流水线上传来的物品准确、可靠、快速地放到指定的位置。上图中展示的AGV小车,也是工业领域常见的搬运机器人。

从田间到餐厅

正当大家面面相觑时,一个引导机器人走了过来!

服务机器人

服务机器人是机器人家族中飞速成长的年轻成员，尚且没有严格的定义。但它们已开始尝试承担陪护老人、照顾病患、家庭保洁、车辆清洗、电器维修等工作。

例如酒店服务机器人，不仅能解答客户咨询，还能乘坐电梯为客人运送餐食及物品。

从田间到餐厅

炒菜机器人

炒菜机器人能够将复杂的烹饪工艺和关键的炒菜动作结合起来，能顺利地晃锅、颠勺、划散、倾倒，还能娴熟地炒、爆、煸、烧、熘等，实现了炒菜过程的自动化。

农业飞行机器人

农业飞行机器人可以承担施肥和打药任务。它喷出来的药水覆盖面大、均匀度好，而且速度快、效率高，最重要的是它还能智能规划喷洒路径。

采摘机器人

采摘机器人不分昼夜地在温室里工作，它们依靠激光来确定距离，通过颜色判断作物是否成熟。例如，甜椒采摘机器人一旦碰到可以采摘的果实，就将机械臂末端的小锯子放在甜椒茎秆上方，梳齿状的铲子悬挂在甜椒下方。剪下的甜椒会落入铲子中，然后被转动的铲子放入收集篮中。

从田间到餐厅

好久不见,老同学!

老赵!原来是你!

赵……董教授的大学同学,可系统记录他应该比董教授年纪小啊……

娱乐机器人

娱乐机器人是供人观赏、娱乐的特种机器人。可以设计成人、动物、幻想中的人的样子；可以行走、会唱歌、会说话、会跳舞，有一定的感知与交流能力。

通过AI技术、绚丽的声光技术、可视通话技术、定制效果技术，如今的娱乐机器人身手不凡，能给人们带来很好的艺术享受。

未来的机器人医生

一周前的创新中心展厅。

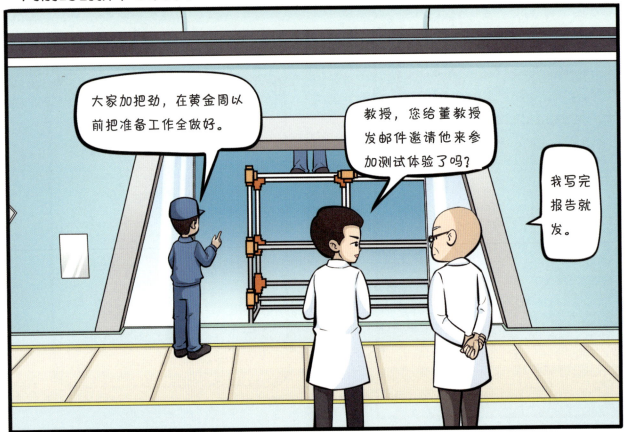

医用机器人

医用机器人是指在医院、诊所中，完成医疗或辅助医疗任务的智能服务机器人。其中最具智能的成员，能够独自编制操作计划，根据实际情况确定动作流程，然后顺利行动。根据用途可分为送药机器人、移动病人机器人、临床医疗用机器人、康复机器人、护理机器人及医用教学机器人。

手术机器人

以达·芬奇医疗机器人为例，它主要由外科医生控制台、床旁机械臂系统，以及成像系统三部分组成。主要用于普通外科、胸外科、妇产科以及心脏手术等。利用机器人精细操控的特点，通过微创的方法实施复杂的外科手术，帮助病人恢复健康。

未来的机器人医生

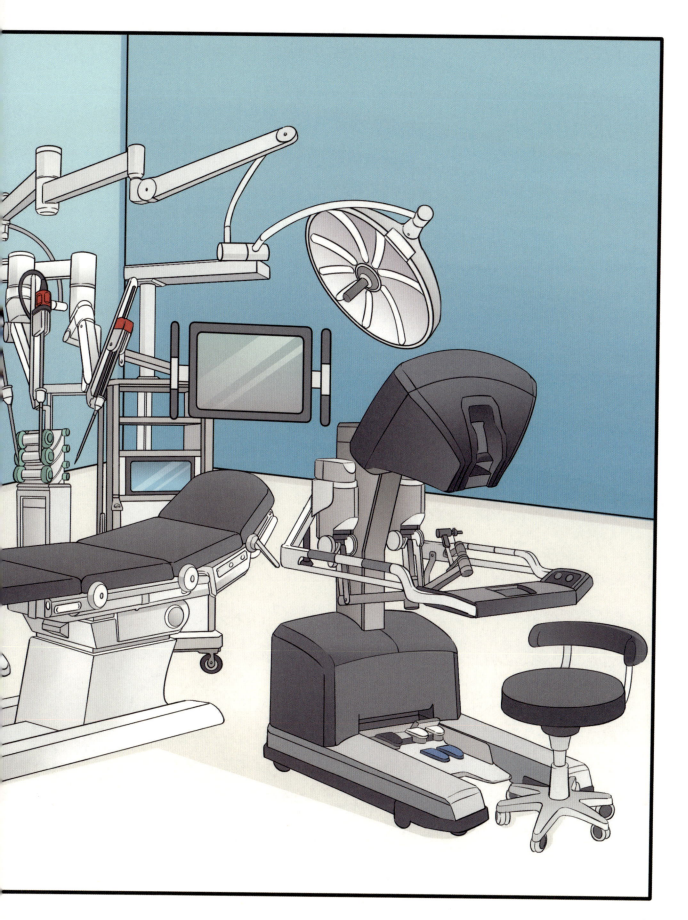

紧接着，∞教授向大家详细介绍了其他几种医用机器人。

胶囊机器人

胶囊机器人体型小巧、外表光滑，与普通医药胶囊无异。使用前，先给胶囊机器人充电，然后通过口服把它送入病人体内，机器人会缓慢地随着人体的肠胃运动遍历胃肠道，机器人携带的微型摄像头可拍摄胃肠道的影像，再通过微型无线发射模块，将采集的胃肠道影像传送至体外接收装置，医生就可以进行医学图像观察处理和诊疗了。

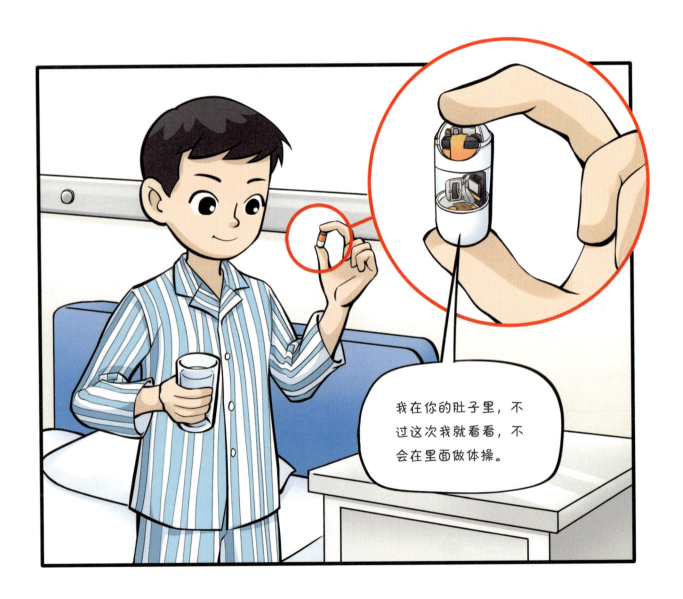

外骨骼机器人

外骨骼机器人是用于康复运动的步态训练机器人，不仅能降低康复治疗师的工作强度，还能提高病人的康复治疗效果。

外骨骼机器人采用铝合金、钛合金、碳纤维以及其他复合材料制成，装备了高精度的传感器、微型驱动马达、仿人关节，还配备了高速中央处理器和配套软件系统。病人可根据自身情况和康复进度选择不同的康复模式进行康复训练。该款机器人改造后还可用于战场，帮助士兵提高负重、耐力。

最终，大家都没能在这多住两天，当晚就回家了。

然而开心总是短暂的!

知识点再现

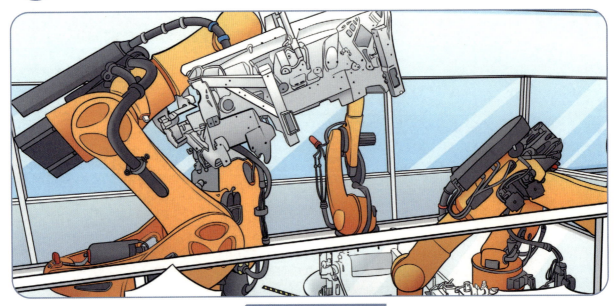

一、军用机器人

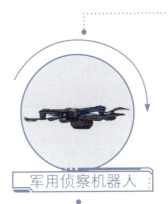

军用侦察机器人

军用侦察机器人多种多样，有天上飞的、地面走的、水里游的，它们凭借搭载的各种传感器掌握战场信息。

军用运输机器人

军需运输是较早运用机器人的领域之一，机器人不仅可以运送物资，甚至还可以运送人员，常见的有"救援机器人""物资搬运机器人"等。

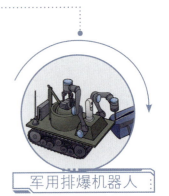

军用排爆机器人

军用排爆机器人可以代替排爆人员执行危险、复杂的排爆作业，减少排爆人员伤亡的风险。

焊接机器人属于示教再现型机器人。先由工程师教会它如何按工艺流程进行不同部位、不同焊点的焊接，这时机器人会将工程师教过的内容保存下来，然后在后续的工作中再现这些操作过程。

搬运机器人装备了机器视觉系统，可以准确识别物品的种类、形状和位置，在机器人智能控制系统的指挥下，能够把流水线上传来的物品准确、可靠、快速地放到指定的位置。

焊接机器人

搬运机器人

二、工业机器人

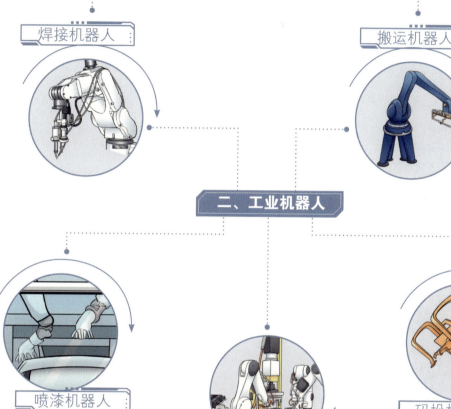

喷漆机器人

装配机器人

码垛机器人

喷漆机器人又叫喷涂机器人，是可完成自动喷漆或喷涂其他涂料工序的工业机器人，广泛用于汽车、电器喷漆，以及搪瓷喷涂等生产工艺。

装配作业十分复杂，在工程师们的帮助下，装配机器人学会了装配的相关工艺，掌握了安装的相关流程，就能够将所有的零部件整齐有序、零故障地装配到位。

码垛机器人负责按要求码放货物。它能够不知疲倦、无怨无悔地从事码垛作业，将人们从繁重、重复单调的工作中解放出来。

知识点再现

三、服务机器人

农业飞行机器人可以承担施肥和打药任务。它喷出来的药水覆盖面大、均匀度好,而且速度快、效率高,最重要的是它还能智能规划喷洒路径。

农业飞行机器人

炒菜机器人

炒菜机器人能够将复杂的烹饪工艺和关键的炒菜动作结合起来,能顺利地晃锅、颠勺、划散、倾倒,还能娴熟地炒、爆、煸、烧、熘等,实现了炒菜过程的自动化。

娱乐机器人

娱乐机器人是供人观赏、娱乐的特种机器人。

采摘机器人不分昼夜地在温室里工作，它们依靠激光来确定距离，通过颜色判断作物是否成熟。例如，甜椒采摘机器人一旦碰到可以采摘的果实，就将机械臂末端的小锯子放在甜椒茎秆上方，梳齿状的铲子悬挂在甜椒下方。剪下的甜椒会落入铲子中，然后被转动的铲子放入收集篮中。

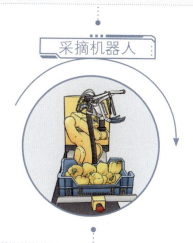
采摘机器人

农业机器人

从耕地、播种、施肥、间苗，到除草、灌溉、打药、收获都有农业机器人的参与，大大减轻了农民的体力劳动，而且提高了农产品的产量与质量。

四、医用机器人

手术机器人

以达·芬奇医疗机器人为例，它主要用于普通外科、胸外科、妇产科以及心脏手术等。

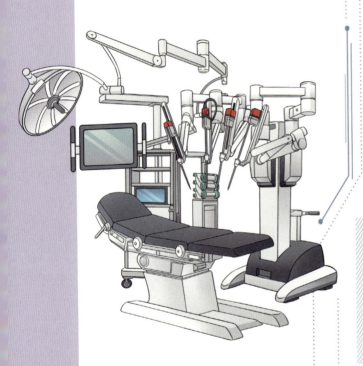

胶囊机器人

胶囊机器人体型小巧、外表光滑，与普通医药胶囊无异。

外骨骼机器人

外骨骼机器人是用于康复运动的步态训练机器人，不仅能降低康复治疗师的工作强度，还能提高病人的康复治疗效果。